BIBLIOTHÈQUE
DES ÉCOLES ET DES FAMILLES

AMPÈRE

PAR

Mme GUSTAVE DEMOULIN

LIVRE DE LECTURE A L'USAGE DES ÉCOLES
ET DE LA CLASSE PRÉPARATOIRE
des lycées et collèges

PARIS
LIBRAIRIE HACHETTE ET Cie
79, Boulevard Saint-Germain, 79

BIBLIOTHÈQUE

DES ÉCOLES ET DES FAMILLES

AMPÈRE

PAR

Mme GUSTAVE DEMOULIN

PARIS

LIBRAIRIE HACHETTE ET Cie

79, Boulevard Saint-Germain, 79

1881

PORTRAIT D'AMPÈRE

AMPÈRE

Jean-Jacques Ampère, négociant de Lyon retiré des affaires, s'était réfugié au village de Poleymieux, non loin de la ville. La modique fortune qu'il possédait suffisait à peine à l'entretien de sa famille, mais sa femme avait de l'ordre et de l'économie et elle trouvait encore moyen d'exercer la bienfaisance que lui inspirait sa grande bonté et que rendait facile son extrême douceur.

Une seule chose laissait à désirer dans cette situation : le village n'offrait aucune ressource pour l'instruction d'un jeune fils, André-Marie, né à Lyon le 22 janvier 1775, peu de temps avant que son père vînt s'installer dans ses propriétés de Poleymieux.

Heureusement l'enfant n'avait besoin de maître ni pour développer ses facultés intellectuelles, ni pour exciter son courage; il a tout appris et tout compris seul. Chez aucun homme la vocation ne s'est éveillée mieux et plus vite. On trouve dans son enfance le germe, ou mieux les racines, des talents et du génie qui se sont manifestés si merveilleusement durant toute sa vie.

L'arithmétique, cela étonnera beaucoup d'enfants! fut sa première science ou pour mieux dire son premier jeu. Avant de savoir lire ou écrire un chiffre, ce mathématicien en herbe calculait fort bien en combinant des groupes de petits cailloux ou de haricots. Étant tout enfant, André-Marie fut atteint d'une maladie grave pendant laquelle il dut observer une diète sévère. Enfin, un jour, on lui accorda la permission de manger un biscuit. Au lieu de le dévorer avidement, le petit convalescent le rompit en fragments nombreux et s'amusa à faire des calculs avec les morceaux de ce précieux biscuit qu'il groupait sur sa couverture !

Dès qu'il sut lire, et il le sut bien vite, il n'eut plus besoin d'aide pour aller à la conquête du savoir. La lecture, c'est le talisman qui ouvre les portes de toutes les sciences, qui nous livre les secrets que les hommes ont découverts et qu'ils ont confiés aux livres.

Le jeune André-Marie n'ayant pas grand choix à faire, lisait tout sans suite, au hasard de la rencontre : l'histoire et les romans, les poèmes et les traités de philosophie, les tragédies et les voyages. Les poètes grecs, latins, italiens et français, étaient lus avec la même avidité. Il emmagasinait dans sa mémoire les connaissances les plus variées, les plus disparates, qui pourtant ne paraissaient pas se nuire les unes aux autres. C'est ainsi qu'il lut l'*Encyclopédie*, volume par volume, page par page, sans passer un alinéa, sans sauter une ligne !

Or, la grande *Encyclopédie*, publiée par

Diderot et d'Alembert, avec la collaboration des philosophes et des écrivains du temps, ne comprend pas moins de vingt gros volumes in-folio! C'est le recueil le plus complet de toutes les connaissances humaines acquises jusqu'à la fin du siècle dernier. Toutes les sciences, tous les arts y sont largement et savamment traités, mais jetés au hasard de l'ordre alphabétique qui fait passer le lecteur, sans transition, d'un sujet à un autre d'un intérêt tout différent. C'est pourtant ce volumineux ouvrage, dont il pouvait à peine soulever un des gros volumes entre ses bras, que lisait, on pourrait dire qu'étudiait notre jeune prodige.

Son père, n'ayant plus de livres à mettre à sa disposition, le présenta au bibliothécaire de Lyon, qui consentit gracieusement à mettre entre les mains de l'enfant les ouvrages qu'il voudrait consulter. Quel fut l'étonnement de cet excellent homme quand il entendit ce garçon d'une douzaine d'années, et alors très petit pour son âge, lui demander les œuvres d'Euler et de Bernouilli!

« Vous n'y pensez pas! s'écria-t-il d'un ton bien fait pour décourager André-Marie; ces ouvrages comptent parmi les plus difficiles que l'esprit humain ait jamais produits!

— J'espère pourtant être en état de les comprendre, repartit simplement l'enfant.

— Vous ignorez peut-être qu'ils sont écrits en latin?

— En latin! reprit d'un ton chagrin André-Marie, qui ne savait pas encore un mot de cette langue; alors nous verrons plus tard. » A peu de temps de là, il revenait consulter Euler et Bernouilli qu'il pouvait comprendre et étudier.

L'anecdote est authentique; elle suffirait seule à montrer quelle fermeté de volonté, quelle puissance d'attention étaient au service de cette intelligence la plus grande et la plus précoce que l'on connaisse. A dix-huit ans, il savait, dit-il lui-même, autant de mathématiques qu'il en a jamais su dans toute sa vie.

L'enfance et la première jeunesse d'Ampère se passèrent ainsi dans l'étude de toutes sciences et de toutes choses, sans guide, sans choix, sans méthode. Il faisait provision pour l'avenir de faits et d'idées qui devaient lui permettre d'embrasser toutes les connaissances humaines dans leur ensemble

La préoccupation, le travail de son esprit ne desséchaient point son cœur. Il adorait sa famille, et ce fut une grande douleur pour lui lorsque mourut l'aînée de ses deux sœurs, qui avait eu une grande action sur son enfance.

André-Marie venait d'atteindre sa dix-huitième année quand un malheur bien autrement affreux vint le frapper et faillit anéantir à jamais cette grande et noble intelligence.

Aux plus mauvais jours de la Révolution, son père était retourné à Lyon et avait accepté les fonctions de juge de paix. Ce fait lui fut imputé à crime; après la prise de la ville insurgée contre la Convention, il fut arrêté, condamné à mort et exécuté le 23 novembre 1793.

Jean-Jacques Ampère mourut sur l'échafaud comme les Girondins et comme moururent plus tard tant d'autres révolutionnaires, sans blasphémer, sans insulter à la Révolution dont ils étaient victimes.

Il disait à sa femme dans une dernière lettre écrite la veille de son exécution :

« Je désire que ma mort soit le sceau d'une réconciliation générale entre tous nos frères. Je la pardonne à ceux qui s'en réjouissent, à ceux qui l'ont provoquée, à ceux qui l'ont ordonnée...

« J'ai lieu de croire que la vengeance nationale, dont je suis une des plus innocentes victimes, ne s'étendra pas sur le peu de bien qui nous suffisait, grâce à ta sage économie et à notre frugalité qui fut notre vertu favorite. Il vient de toi, il t'appartient, ou à ta sœur ou à des créanciers dont les titres ne sont pas équivoques; tu feras donc valoir tes droits de concert avec eux suivant l'intention que je t'ai fait passer dès les premiers jours de ma détention au cachot, et les gages de notre union, qui sont si dignes de notre tendresse, seront du moins à l'abri de l'indigence.

« J'espère qu'un motif de cette importance te fera supporter ma perte avec courage et résignation.

« Après ma confiance en l'Éternel dans le sein duquel j'espère que ce qui restera de moi sera porté, ma plus douce consolation est que tu chériras ma mémoire autant que tu m'as été chère; ce retour m'est dû.

« Si du séjour de l'éternité il m'était donné de m'occuper des choses d'ici-bas, tu seras, ainsi que mes chers enfants, l'objet de mes soins et de ma complaisance. Puissent-ils jouir d'un meilleur sort que leur père et avoir toujours devant les yeux la crainte de Dieu, cette crainte salutaire qui opère en nous l'innocence et la justice malgré la fragilité dans notre nature.

« Ne parle pas à ma Joséphine du malheur de son père, fais en sorte qu'elle l'ignore; *quant à mon fils, il n'y a rien que je n'attende de lui;* tant que tu les possèderas et qu'ils te possèderont, embrassez-vous en mémoire de moi.

« Je vous laisse à tous mon cœur.

« Adieu, tendre amie; reçois les derniers élans de ma tendresse et de ma sensibilité. J.-J. AMPÈRE. »

La mort tragique de Jean-Jacques Ampère faillit tuer André-Marie, qui n'eut pas la fermeté d'âme qu'attendait son père.

La violence du coup fut si terrible que tout l'être du pauvre enfant s'en ressentit. Sa santé fut profondément altérée et ses facultés intellectuelles momentanément anéanties.

Oui, ce jeune savant, qu'on avait pu comparer à Pascal, ne vivait plus que de la vie instinctive. Pendant un an, on le crut idiot. On le rencontrait errant dans la campagne, marchant sans but, regardant sans voir, s'asseyant au bord d'un chemin où il restait des heures entières à faire des petits tas de sable avec la régularité de mouvements d'un automate.

Qu'était devenue cette merveilleuse intelligence qui, dans son ardente et incessante activité, ne s'attachait à résoudre que les problèmes les plus ardus des sciences les plus élevées?

Un jour il trouva sous sa main les lettres de J.-J. Rousseau sur la botanique. Il lut d'abord machinalement et inconsciemment Peu à peu le charme opéra; les mots prirent un sens; les phrases harmonieuses le séduisirent, les idées, les sentiments éveillèrent son âme et, tout à coup, la lumière pénétra de nouveau dans son esprit. Il sortit de son assoupissement, de ses ténèbres, reprit goût en même temps à la vie et à l'étude. Il recouvra vite la puissance et l'ardeur de son génie; son activité intellectuelle se porta comme auparavant sur toutes choses.

Sans négliger les mathématiques, il se remit au latin qu'il savait peu et se passionna pour les poètes de l'antiquité. Il allait encore par les chemins, par les bois de Poleymieux, mais cette fois herborisant et récitant des vers d'Horace, goûtant également le parfum qu'exhalent les fleurs et la poésie qui émane des strophes.

Ce n'était pas là qu'une distraction; Ampère prenait tout au sérieux. Il acquit ainsi en botanique un savoir qui plus tard étonna les savants botanistes et un véritable talent de versification latine dont il eut le bon goût de jouir tout seul. Il n'aurait point partagé, avec les élèves de nos lycées, la joie de voir les vers latins supprimés de l'enseignement classique. Il était vraiment possédé par cette honnête passion qu'il faut lui pardonner. Il a pu un jour composer, en chaise de poste, cent cinquante-huit vers latins sans recourir une seule fois au *Gradus!*

**

Cet enthousiaste de la nature, dont l'esprit clairvoyant embrassait l'ensemble des choses et en pénétrait les moindres détails, était fort myope et myope sans le savoir. Il ne s'aperçut de son infirmité que par hasard, à dix-huit ans.

Un jour qu'il remontait la Saône, un de ses compagnons d'excursion, myope comme lui, s'avise de lui mettre ses lunettes devant les yeux.

Ampère pousse un cri d'admiration.

La nature se révèle à lui dans toute sa beauté, dans toute sa splendeur ; il comprend enfin les descriptions inspirées aux poètes et aux romanciers par les horizons des campagnes, par les collines boisées, les montagnes lointaines, les paysages accidentés et luxuriants. Il les avait lues jusque-là comme on lit les contes de fées, il les croyait purement imaginées par une admiration de convention. Tout à coup il lui semble qu'un voile vient de se déchirer, qu'il a accès dans un pays enchanté !

« La cité, le hameau, la verdure, les bois,
Semblent s'offrir à lui pour la première fois;
Et, rempli d'une joie inconnue et profonde,
Son cœur croit assister au premier jour du monde.

Son émotion est trop forte, elle déborde en douces larmes de joie qui inondent son visage.

Ampère avait vingt et un ans quand il résolut d'épouser Mademoiselle Julie Carron, qui était digne de toute son estime et de toute son affection.

Est-il une histoire plus touchante que celle de son mariage? *En herborisant le long d'un ruisseau solitaire*, il rencontre une jeune fille du voisinage qui cueillait des fleurs dans la prairie; elle est belle, candide et modeste, elle n'est pas plus riche que lui, il juge qu'elle sera la digne compagne d'un honnête homme. Cette affection si soudaine, si tendre, si poëtique, éprouvée pendant trois ans, amena son mariage avec cette jeune fille, que le hasard, ou plutôt la

Providence, comme il le croyait, avait conduite sur son chemin. Ampère étant sans fortune, il fallait choisir une profession, se faire une position. Entrerait-il dans le commerce comme le proposaient les parents de sa fiancée? Ce jeune homme d'une si puissante intelligence se laisserait-il condamner à plier et à déplier toute la journée des étoffes de soie dans un magasin de Lyon? Heureusement, sa famille écarta de lui ce calice et préféra l'envoyer à Lyon, où il devait donner des leçons particulières de mathématiques.

Le plus grand bonheur que puisse attendre un jeune homme à l'entrée de sa carrière, c'est de rencontrer des amis de grand esprit ou de grand cœur qui, prenant la vie au sérieux, exercent leurs forces et trempent leur courage pour se préparer aux luttes à venir. Ampère eut cette bonne fortune.

Il fit partie d'un groupe de jeunes gens qu'une véritable amitié a liés étroitement pendant près de quarante ans. Cette aimable société de jeunes gens laborieux, qu'un travail ingrat ou des affaires fastidieuses devaient accaparer le long du jour, se réunissait, dès quatre heures du matin, dans une mansarde de la rue des Cordeliers, à Lyon.

Les membres de ce club matinal s'assemblaient pour s'entretenir d'études, de philosophie, de littérature, de sciences. Ils lisaient ensemble la chimie de Lavoisier, s'enthousiasmaient au récit de toutes les découvertes de cet illustre savant. C'est à cette lecture, aux commentaires et aux discussions qui l'accompagnaient, qu'Ampère a dû d'être initié à la chimie, science dans laquelle il a fait de si belles découvertes, bien qu'il ne l'eût pas spécialement cultivée.

Du reste qu'a-t-il cultivé spécialement? Il a tout appris et tout su : le latin, le grec, l'italien, la physique, la chimie, la mécanique analytique, la philosophie, et le blason par-dessus le marché. Il était épris de poésie et rimait à tout propos. Il faisait des chansons, des madrigaux, des charades, composait des poèmes sur les sciences naturelles, sur la morale de la vie; ébauchait une grande épopée inspirée par Christophe Colomb qu'il avait intitulée *l'Américide;* écrivait des tragédies, des comédies, dont les scènes étaient interrompues par des x, par des y et des formules algébriques.

« Admirable jeunesse! âge audacieux! saison féconde! où tout s'exhale et coexiste à la fois, qui médite et qui chante, qui scrute et qui découvre, qui suffit à tout et qui ne laisse rien d'inexploré de ce qui la tente et qui est tentée de tout ce qui est vrai et beau! »

Ampère se maria en 1799. Un an plus tard, sa femme lui donnait un fils, qui fut nommé Jean-Jacques en souvenir de son aïeul.

Devenu père de famille, Ampère cherche une situation plus assurée que celle que lui font ses leçons particulières de mathématiques et réussit à se faire nommer, en 1801, professeur de physique à l'École centrale du département de l'Ain, à Bourg. Quelque temps après il était nommé professeur de mathématiques et d'astronomie au lycée de Lyon, qu'on venait de créer. Il revint dans cette ville retrouver son enfant et sa femme qu'il avait laissée malade.

La situation financière du jeune ménage s'était améliorée, mais madame Ampère était mortellement frappée ; elle succomba le 14 juillet 1803, emportant avec elle tout le bonheur de sa maison. L'amour d'Ampère pour son fils et sa passion pour l'étude le sauvèrent du désespoir.

Jusque-là le génie d'Ampère n'était soupçonné que de ses proches et de ses amis. C'est un mémoire sur une question de mathématiques qui va le révéler.

Cent soixante ans auparavant, Pascal et Fermat, deux des plus grands mathématiciens qu'il y ait eu au monde, avaient ouvert une nouvelle voie aux sciences mathématiques en créant le calcul des probabilités. Ampère avait voulu traiter scientifiquement et théoriquement les questions concernant le JEU. Il s'agissait de déterminer le résultat probable des combinaisons que présente ce qu'on est convenu d'appeler *le hasard*.

Dans son mémoire, Ampère établit par des formules rigoureuses les chances du jeu et démontre, sans réplique possible, qu'un joueur de profession ne peut éviter la ruine. Ce n'est pas seulement par cette conclusion morale que le travail d'Ampère était remarquable, c'était par l'excellence de sa méthode scientifique, que les savants spéciaux peuvent seuls apprécier. Ce mémoire obtint le succès prévu par le jeune mathématicien, qui fut nommé répétiteur à l'École polytechique, et en 1805 il quittait Lyon, où il laissait tant de souvenirs déchirants.

A Paris, une nouvelle existence commence pour Ampère. Il rencontra dans son enseignement des difficultés qui lui rendirent ses débuts fort amers. Les élèves (ce n'est pas un fait fort rare), le jugeant sur son habit *mal taillé*, sur sa gaucherie, sur ses distractions, méconnurent trop longtemps l'illustre maître qui leur était donné.

Heureusement leurs tracasseries, qui pouvaient par moments obséder Ampère comme l'aurait fait un essaim de moucherons, ne pouvaient le décourager dans l'accomplissement des devoirs que lui imposaient ses fonctions, ni le distraire des recherches et des travaux que lui suscitait son génie.

En 1809, il fut nommé professeur de calcul analytique et de mécanique à cette même École polytechnique, où il n'avait encore été que répétiteur. Depuis un an, il était inspecteur général de l'Université.

En 1814, l'Académie des Sciences le désigna pour remplacer le savant mathématicien Bossut, qu'elle venait de perdre.

Ampère enrichit toutes les branches des sciences mathématiques de propositions nouvelles et importantes qu'il nous faut, vous et moi, admirer sur la foi des savants ses émules. Ces travaux seuls l'eussent déjà rendu célèbre; mais ce qui le place au premier rang, ce qui est son plus grand titre de gloire, ce sont les découvertes qu'il a faites dans la science que l'on désigne sous le nom d'*électro-magnétisme*.

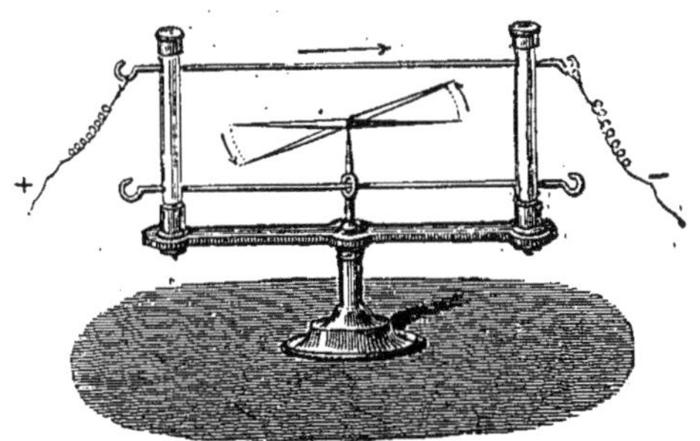

ACTION D'UN COURANT ÉLECTRIQUE
sur l'aiguille aimantée.

Le savant Danois Œrsted avait découvert qu'un courant électrique passant dans un fil métallique au-dessus de l'aiguille aimantée de la boussole la faisait dévier et tendait à la disposer en croix avec ce fil; ce qui montrait que l'électricité en mouvement influençait les aimants. C'est de ce fait qu'Ampère partit pour faire entrer la théorie de l'électro-dynamique (électricité en mouvement) dans la voie des merveilles.

Je ne puis vous faire comprendre comment Ampère est arrivé à découvrir les lois de la déviation de l'aiguille aimantée ; com-

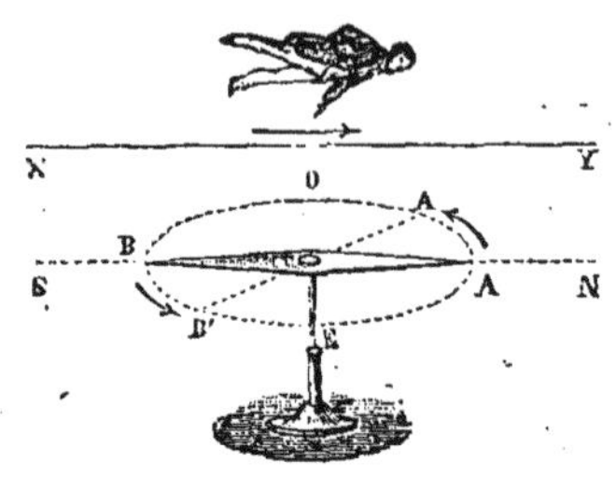

DÉVIATION DU POLE AUSTRAL VERS LA GAUCHE sous l'influence d'un courant supérieur.

ment il est parvenu à les rapporter au même principe, à les énoncer dans une formule simple. L'intelligence de cette formule est rendue familière par un expédient que n'a pas dédaigné le génie d'Ampère. Il suppose un petit personnage couché le long du courant et dont la face est tournée, dans quelque position qu'il prenne, vers le centre de l'aiguille.

Il ne reste plus, pour se rendre compte de

la direction du courant et de la déviation de l'aiguille, qu'à se rappeler que le courant doit toujours entrer par les pieds.

Personne n'est plus disposé à rire de ce *bonhomme d'Ampère*, comme on l'appelle.

Il faut insister là-dessus. Ampère a mis en pleine lumière tous les phénomènes que

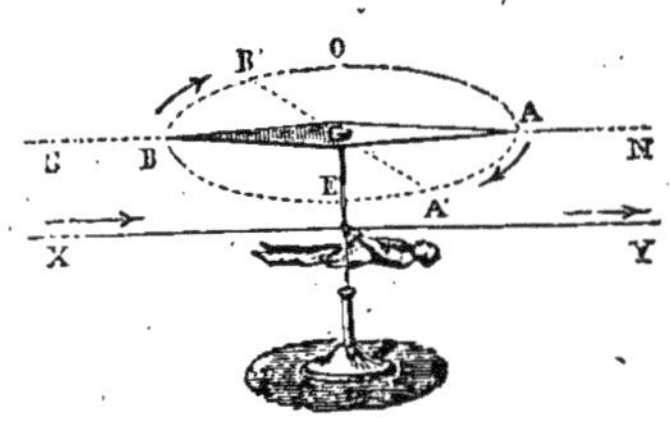

DÉVIATION A GAUCHE DU COURANT.
Courant inférieur.

présentaient dans leurs rapports l'électricité et les aimants. Il a formulé cette belle théorie de l'électro-magnétisme qui a grandi dans de vastes proportions le domaine de la science et qui a conduit les plus hardis et les plus ingénieux savants aux plus magnifiques inventions dont le genre humain est justement fier. Parmi ces inventions merveilleuses il nous suffira, pour provoquer votre admiration, de citer *les télégraphes électriques.*

En insistant sur ces grandes découvertes dans l'électro-dynamique, qui donnent à Ampère une place près de Newton, dont il a continué les sublimes travaux, nous ne

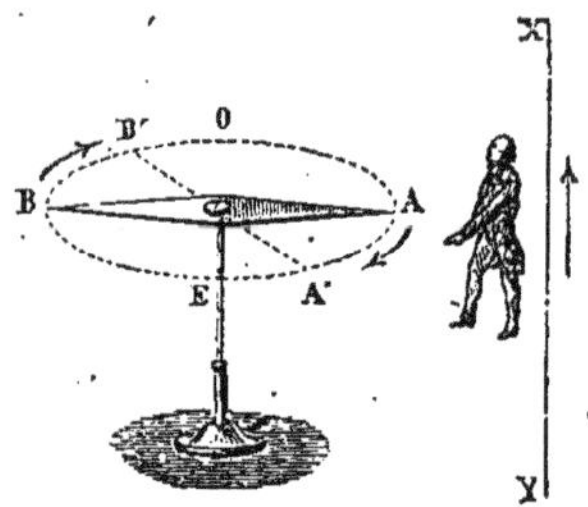

DÉVIATION A GAUCHE DU COURANT
courant vertical.

devons pas négliger de faire valoir ses autres titres à l'admiration publique.

Ce qui frappe tout d'abord chez Ampère, ce qui le grandit et l'élève à nos yeux, c'est la diversité de ses aptitudes, c'est l'universalité de son génie. Il a excellé dans toutes les sciences : dans les mathématiques, dans la physique, la chimie et l'histoire naturelle. Il s'est lancé dans la métaphysique, science obscure, dans laquelle on s'étonne de voir entrer un savant habitué aux formules rigoureusement précises des lois positives déduites d'expériences contrôlées.

On retrouve là les goûts et les aptitudes de l'enfant qui lit, suivant l'ordre alphabétique, les vingt volumes de l'Encyclopédie, article par article, depuis A jusqu'à Z, s'arrêtant également sur chacun afin de pénétrer au fond des questions qu'ils traitent.

Le rôle important qu'avait pris l'*Encyclopédie du* XVIIIe *siècle* dans l'éducation d'Ampère s'est fait constamment ressentir à toutes les époques de sa carrière.

Vers la fin de sa vie, il eut l'idée d'une vaste encyclopédie dans laquelle les matières seraient logiquement classées. Il en a préparé le plan, l'introduction, dans son dernier ouvrage : *Essai sur la philosophie des sciences, ou Exposition analytique d'une classification naturelle de toutes les connaissances humaines*.

Ce qui attisait surtout l'ardente curio-

UN BUREAU DE TÉLÉGRAPHE ÉLECTRIQUE

sité de cet esprit chercheur et puissant, de ce génie universel, c'étaient les problèmes dont la solution avait jusque-là échappé aux investigations des brillantes générations de savants qui l'avaient précédé. C'est ainsi qu'il recherchait quelle avait été la langue primitive et quels étaient les moyens de la reconstituer. C'est ainsi qu'il voulait trancher la question de l'intelligence et de l'instinct des bêtes. C'est ainsi qu'il étudiait, au grand étonnement et au grand scandale de ses collègues de l'Académie des Sciences, les phénomènes du *magnétisme animal*.

La variété des sujets qu'il a traités, l'étendue et l'importance de ses recherches, l'ensemble de ses travaux, l'universalité de ses connaissances, font d'Ampère le plus fécond et le plus original des savants des temps modernes.

En étudiant la vie d'Ampère, on éprouve autant de sympathie pour l'homme que d'admiration pour le savant. Il valait autant par le cœur que par l'esprit. Son intelligence puissante qui, dans son inaltérable curiosité, allait jusqu'au fond des choses, n'altérait en rien sa bonne et franche naïveté. Ses regards se portaient à la fois sur le monde physique et sur le monde moral. Tendre, affectueux, expansif, il jouissait intimement et profondément de la vie de famille. Nous avons vu dans quel état d'abattement l'avait jeté la mort de son père.

Il faillit mourir à la mort de l'épouse adorée qui lui laissait cependant pour consolateur un fils tel que Jean-Jacques Ampère ! Ce fils qui devait s'illustrer dans la carrière des lettres, est mort professeur de littérature au Collège de France en 1864, honoré comme l'avait été son père.

Quelle amitié fut jamais plus sincère, plus profonde, plus durable que celle d'André-Marie? Sa tendresse de cœur, sa nature songeuse qui le portait sur toutes choses vers l'idéal, en avaient fait un savant sentimental. Souvent infidèle aux sciences physiques, il allait bien loin dans la philosophie et dans la métaphysique, sans sortir de la confusion et sans s'en décourager.

Ampère a gardé presque dans tout le cours de sa vie les sentiments religieux de son enfance : il était religieux comme Pascal, Newton, Euler.

Son libéralisme et son patriotisme ne se sont jamais démentis. A quatorze ans, la prise de la Bastille l'avait enthousiasmé plus qu'aucun autre évènement, et la terrible crise révolutionnaire qui fit monter son père sur l'échafaud n'avait pas altéré ce souvenir auquel se rattachaient les principes qu'il a toujours gardés. A cinquante-cinq ans, la chute de Varsovie lui causa un véritable désespoir.

Pour achever le portrait d'Ampère et le rendre plus ressemblant, il faudrait y ajouter quelques traits qui peignissent ses naïvetés, sa crédulité, ses distractions, en évitant de tomber dans l'exagération et de refaire la caricature légendaire trop souvent donnée pour un portrait fidèle. N'est-il pas singulier que le vulgaire, qui ne connaît rien des découvertes scientifiques et du génie prodigieux de cet homme admirable, se soit égayé si souvent au récit des anecdotes, vraies ou fausses, que la malice des uns et la malignité des autres ont mises sur le compte de cet illustre savant?

Ce qui ne peut être nié, c'est qu'Ampère était crédule, naïf et distrait. Sa crédulité et sa naïveté étaient le résultat de l'isolement dans lequel s'était passée son enfance et aussi de ses études solitaires. On ne lui avait rien appris des vulgarités de la vie. Il connaissait mieux l'équilibre des mondes, les lois de la nature et de l'univers que les usages de la société. Aussi est-il accusé alternativement, par des esprits à courte vue, d'être servilement poli ou de manquer de savoir-vivre.

Son extrême distraction, comparable à celle de La Fontaine, ne s'explique-t-elle point par la tension de son esprit sans cesse accaparé, absorbé, dans la recherche des vérités que la science révèle à la seule persévérance des génies qui lui vouent un culte exclusif?

Ne pourrait-on, dans certains cas, dire que nos célèbres écrivains, nos illustres savants, réputés distraits, sont ceux qui précisément se laissent le moins distraire dans l'accomplissement des œuvres qui font leur gloire et notre admiration?

Pour donner une idée du genre de distractions d'Ampère, je vous en rapporterai quelques traits dont il vous sera bien permis de rire un instant.

Ampère, nous l'avons dit, était fort myope: il craignait que les caractères qu'il traçait au tableau noir ne fussent pas lisibles pour des élèves qui pourraient être atteints de la même infirmité que lui, et il manifestait naïvement cette crainte. Les malicieux jeunes gens, abusant de l'extrême bienveillance de leur professeur, l'amenèrent, en prétextant la faiblesse de leur vue, à lui faire tracer des chiffres d'une telle grosseur qu'un seul nombre de cinq ou six chiffres couvrait le tableau tout entier.

Une autre fois, le professeur, tout à l'ardeur d'une démonstration, s'était essuyé le front avec le torchon à la craie qu'il avait pris pour son mouchoir. Cette innocente étourderie donna lieu à de sottes manifestations, renouvelées pendant plusieurs années. J'espère, mes enfants, que vous estimez que le ridicule n'était pas du côté de cet illustre maître.

Voici une autre anecdote qui a été racontée par son fils Jean-Jacques :

En 1829, Ampère, voyageant en chaise de poste avec son fils, s'en allait, à Hyères, chercher la guérison d'une laryngite. Après le relai d'Avignon, il veut payer les frais de la poste ; mais, son impatience aidant à sa distraction, il embrouille tellement un compte si simple, que personne n'y pouvait rien comprendre. Quand l'affaire fut enfin réglée, le postillon, qui était un Avignonnais pur sang, s'écria avec un dédain superbe, encore rehaussé par l'accent énergique de son pays : « En v'là un *mâtin* qu'est pas malin ! Où diable celui-là a-t-il appris à *carculer ?* »

Fiez-vous donc après cela aux jugements du vulgaire sur les hommes !

En mai 1836, Ampère retournait une seconde fois demander la guérison au climat du Midi; mais il était parti trop tard.

Il s'éteignit à Marseille, le 10 juin 1836, avec la résignation d'un philosophe et le recueillement d'un chrétien.

FIN

PARIS. — IMPRIMERIE ÉMILE MARTINET, RUE MIGNON, 2

PARIS. — IMPRIMERIE ÉMILE MARTINET.

www.ingramcontent.com/pod-product-compliance
Ingram Content Group UK Ltd.
Pitfield, Milton Keynes, MK11 3LW, UK
UKHW021029200726
13857UKWH00004B/1662